Titel der französischen Ausgabe:
L'imagerie de la nature
Fachlektorat der deutschen Ausgabe:
Dr. Christa Söhl
ISBN 3-89717-389-1
Printed in Italy

10 9 8 7 6 5 4 3 2 1

Dieses Buch gehört:
Lydia

Dein buntes Wörterbuch Natur

Idee und Text:
Emilie Beaumont
Marie-Renée Guilloret

Illustrationen:
Bernard Alunni
Marie-Christine Lemayeur

Übersetzung aus dem Französischen
von Regina Enderle

FLEURUS VERLAG

INHALT

TIERE

EIN ELEFANTENJUNGES WIRD GEBOREN

Es ist Paarungszeit. Die männlichen Elefanten kämpfen gegeneinander, denn nur der Stärkste von ihnen darf sich fortpflanzen.

Zunächst beschnuppern sich Männchen und Weibchen, dann paaren sie sich. Anschließend gehen sie wieder getrennte Wege.

Der Elefant ist ein Säugetier. Vor der Geburt entwickelt sich das Junge im Bauch der Mutter. Sie bringt das Junge stehend zur Welt. Häufig helfen ihr dabei andere Weibchen. Das Junge fällt auf den Boden und steht schon kurz danach auf. Es sucht nach den Zitzen der Mutter, um zu trinken.

Bei den Elefanten ist die Schwangerschaft, die man Tragezeit oder Trächtigkeit nennt, sehr lange. Sie dauert knapp zwei Jahre.

Das neugeborene Elefantenjunge wiegt bereits 100 kg. Schon nach einer halben Stunde kann es laufen. Seine Tanten und Kusinen nehmen es in ihre Mitte und liebkosen es. Sie kümmern sich auch um das Kleine, wenn seine Mutter sich kurz entfernt.

Das Elefantenjunge trinkt zwei Jahre lang die Milch seiner Mutter.

Das Weibchen passt auf das Junge auf und beschützt es.

NACHWUCHS BEI DEN SÄUGETIEREN

Die meisten Säugetiere bringen bereits fertig ausgebildete Junge zur Welt. Je länger die Tragezeit, desto besser sind sie entwickelt.

Das Giraffenjunge stürzt bei der Geburt aus 2 m Höhe. Es tut sich dabei aber nicht weh und steht kurze Zeit später auf.

In ihrer bequemen Bärenhöhle bringt die Bärin winzige Jungen zur Welt. Sie wachsen schnell heran.

Anders als ein ausgewachsenes Reh hat das Kitz viele weiße Punkte im Fell, die mit der Zeit verschwinden.

Wenn die Löwin Gefahr für ihre Jungen wittert, trägt sie die Kleinen im Maul in ein neues Versteck.

Auch die Delfin- und Seehundbabys wachsen im Körper des Weibchens heran. Die Delfinmutter hat keine Zitzen. Sie spritzt ihre Milch aus kleinen Öffnungen am Bauch in das Maul des Jungen.

Nach einer Tragezeit von knapp einem Jahr kommt das Delfinjunge mit dem Schwanz zuerst auf die Welt. Seine Mutter und andere Weibchen schubsen es an die Wasseroberfläche, wo es den ersten Atemzug macht.

Das Seehundweibchen bringt ebenfalls ein fertig ausgebildetes Jungtier zur Welt. Es hat ein ganz weiches, weißes Fell. Nach einem Monat wechselt es seine Farbe. Das Junge ernährt sich bereits nach einigen Wochen von Fisch.

DAS KÄNGURUJUNGE

Die Känguruweibchen haben am Bauch einen Beutel, in dem die Jungen sich nach der Geburt weiterentwickeln.

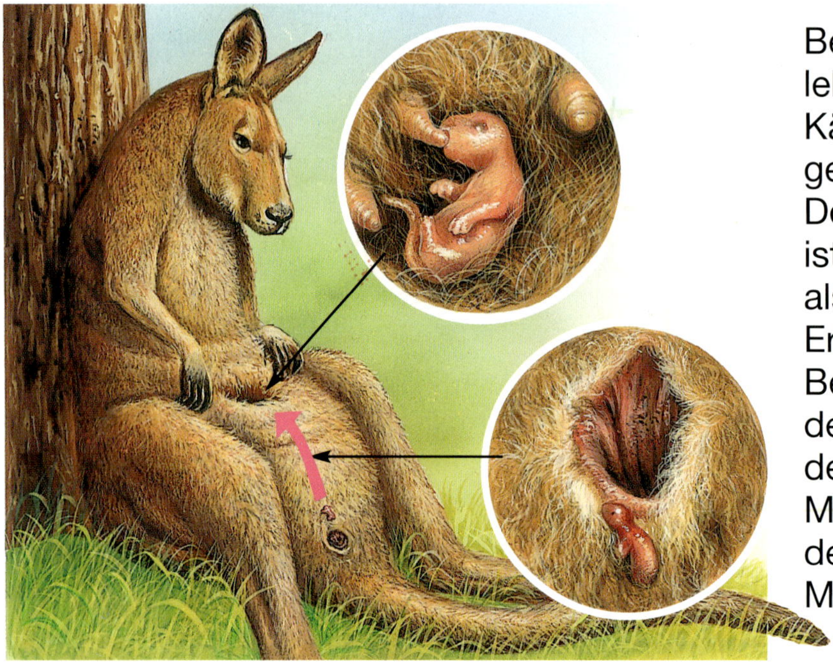

Bei der Geburt lehnt sich das Känguruweibchen gegen einen Baum. Der winzige Embryo ist nicht größer als ein Daumen. Er kriecht in den Beutel am Bauch der Mutter, in dem er sich sechs Monate lang an der Zitze der Mutter hängend weiterentwickelt.

Wenn das Junge fertig entwickelt ist, bleibt es noch vier weitere Monate im Beutel seiner Mutter, die es überallhin mitnimmt. Das kleine Känguru trinkt Muttermilch, bis es ein Jahr alt ist. Dann muss es für sich selbst sorgen.

EIN VOGELJUNGES KOMMT ZUR WELT

Küken entwickeln sich nicht im Körper ihrer Mutter, sondern in einem Ei, das ein Elternteil bis zum Schlüpfen ausbrütet.

Das Lappentaucherpaar baut gemeinsam ein schwimmendes Nest aus Blättern und Pflanzenteilen an flachen Ufern.

Wenn das Nest fertig ist, paaren sich die beiden Vögel. Anschließend legt das Weibchen zwei bis vier Eier.

Mehrere Wochen lang wechseln sich das Männchen und das Weibchen beim Brüten ab und halten die Eier warm.

Die Küken haben einen kleinen Höcker auf ihrem Schnabel, der Eizahn genannt wird. Mit ihm brechen sie die Schale auf.

DIE ENTWICKLUNG DES KÜKENS IM EI

Der Embryo benötigt Wärme, damit er sich entwickeln kann. Aus diesem Grund müssen die Eier ausgebrütet werden.

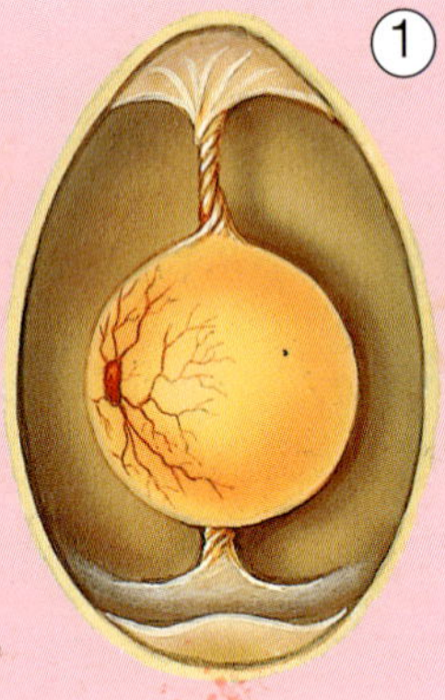

(1) Der winzige Embryo in der Schale ernährt sich vom Eigelb und Eiweiß. Er hat noch keine Ähnlichkeit mit einem Küken.

(2) Die Ausscheidungen des Embryos werden in einem Beutel gesammelt.

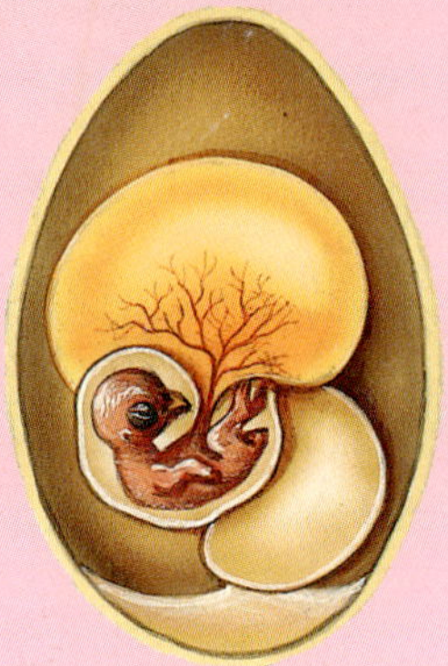

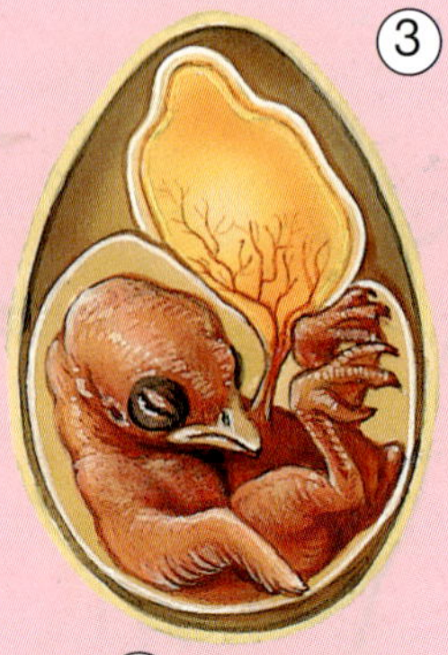

(3) Das Küken wird immer größer und füllt nun fast das ganze Ei aus.

(4) Manchmal hört man das Küken kurz vor dem Schlüpfen piepsen. Das Eigelb ist aufgebraucht. Nun kann das Küken endlich die Schale aufbrechen.

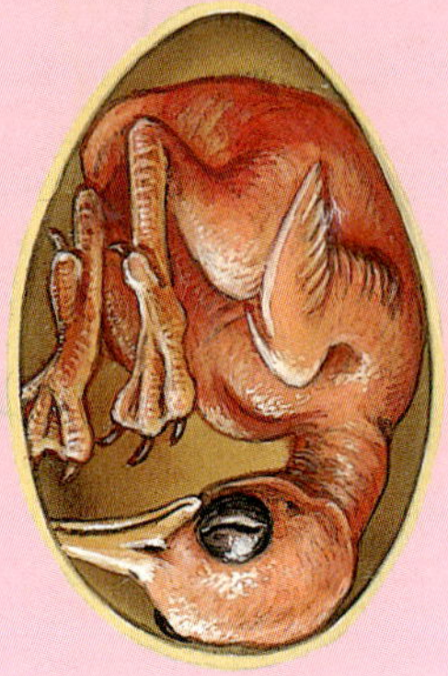

Ein Elternteil der Lappentaucher trägt die Jungen auf seinem Gefieder. Das andere füttert sie mit Fischen. Vorher taucht es die Nahrung kurz ins Wasser, als ob es sie waschen will.

JUNGTIERE, DIE AUS EIERN SCHLÜPFEN

Vögel sind nicht die einzigen Tiere, die Eier legen. Je nach Tierart können die Eier groß oder klein, weich oder ganz hart sein.

Der Fisch gibt beim Laichen abertausende von Eiern an das Wasser ab.

Bei den Pinguinen legt die Mutter das Ei, der Vater brütet es aus.

Die Eier der Schlangen haben eine weiche und gleichzeitig zähe Schale.

Bei der Schnecke kommen die Eier aus einer Öffnung hinter den Fühlern.

In einem Ameisenstaat legt die Königin ihr ganzes Leben lang Eier.

In einer Höhle beschützt der Krake seine Eier, die in Trauben von der Decke hängen.

Viele Tiere bauen Nester, in denen sie ihre Jungen aufziehen. Manche Tiere kümmern sich nach der Eiablage jedoch überhaupt nicht um sie und überlassen sie ihrem Schicksal.

Vor sehr langer Zeit legten die Dinosaurier ihre Eier in Nester. Dazu gruben sie Mulden in die Erde. Wie heute die Vögel hatten vermutlich auch die Dinosaurierjungen einen Eizahn, mit dem sie die Schale aufbrechen konnten.

Das Krokodiljunge durchbricht die Eischale ebenfalls mithilfe eines Eizahns. Bei Schwierigkeiten hilft die Mutter.

Das Schildkrötenweibchen lässt ihre Eier im Sand zurück. Die Jungen müssen den Weg ins Meer allein finden.

VON DER KAULQUAPPE ZUM FROSCH

Kaulquappen sind die Larven der Frösche. Sie leben im Wasser. Die Verwandlung zum Frosch geht nach und nach vor sich.

Das Männchen und das Weibchen paaren sich.

Das Weibchen legt tausende von Eiern.

Aus ihnen schlüpfen kleine Kaulquappen.

Nach kurzer Zeit entwickeln sich Hinterbeine mit Schwimmhäuten.

Der Schwanz wird kürzer und die Vorderbeine wachsen.

Aus der Kaulquappe hat sich ein Frosch entwickelt.

VON DER RAUPE ZUM SCHMETTERLING

Wie bei den Fröschen haben auch die Schmetterlinge im Larvenstadium noch gar keine Ähnlichkeit mit dem erwachsenen Tier.

Männchen und Weibchen paaren sich.

Das Weibchen legt die Eier auf einem Blatt ab.

Aus dem Ei schlüpft eine Larve, die Raupe.

Sie hüllt sich in einen Kokon, aus dem…

…ein wunderschöner Schmetterling schlüpft.

Er entfaltet seine Flügel und fliegt davon.

DIE JÄGER

Einige Tiere ernähren sich vom Fleisch anderer Tiere.
Sie jagen ihre Beute oder überfallen sie aus dem Hinterhalt.

Die Eule jagt im Alleingang. Sie hat sehr gute Augen und ein feines Gehör. Sie fliegt lautlos auf ihre Beute zu und ergreift sie mit ihren scharfen Krallen. Dann verschluckt sie das Beutetier in einem Stück und würgt Knochen und Haare in einem kleinen Klumpen, dem Gewölle, wieder aus.

Manche Tiere, wie zum Beispiel Wölfe, jagen im Rudel.
Auf diese Weise können sie auch größere Beutetiere erlegen.

DIE PFLANZENFRESSER

Diese Tiere fressen ausschließlich Pflanzen. Sie zermahlen das Gras oder die Blätter zwischen großen flachen Zähnen, die ständig nachwachsen.

In der Regenzeit ernähren sich das Nashorn und das Zebra von den zarten Gräsern der Savanne. Die Giraffe frisst die Blätter und Zweige der Akazien.

Der Panda ernährt sich ausschließlich von Bambusblättern.

Die Seekuh weidet die Pflanzen am Meeresgrund ab.

DIE INSEKTENFRESSER

Tiere, die sich von Insekten ernähren, fangen ihre Beute auf verschiedene Art und Weise.

Das Chamäleon fängt die Insekten mit seiner langen, klebrigen Zunge.

Das ist ein Paradiesschnäpper. Er kann Insekten im Flug fangen.

Die Spinne webt ein großes Netz, in dem sie ihre Beute fängt.

Der Ameisenbär holt mit seiner klebrigen Zunge Termiten aus ihrem Bau.

TIERE IN WARMEN LÄNDERN

All diese Tiere leben in der Savanne, einer Graslandschaft. Sie kommen zum Trinken an eine Wasserstelle.

Der Löwe gilt als der König der Tiere. Die Löwin geht auf die Jagd und versorgt die Familie. Der Löwe darf jedoch immer als Erster fressen.

Am Rande einer Wasserstelle trinken Zebras und Gazellen friedlich nebeneinander. Doch Vorsicht: Das Krokodil liegt auf der Lauer!

In der Trockenzeit regnet es nicht. Es gibt kaum noch Gras und nur wenige Wasserstellen. Viele Tiere müssen bei der Suche nach Nahrung große Entfernungen zurücklegen.

Der Elefant erfrischt sich ausgiebig im Wasser.
Die lange Giraffe muss ihre Beine spreizen, wenn sie trinken will.

Das Flusspferd ist tagsüber meist im Wasser, da seine Haut die Sonne nicht verträgt. Das Nashorn sieht schlecht und ist leicht reizbar.

TIERE IN KALTEN LÄNDERN

All diese Tiere leben in den Polarregionen, den kältesten Regionen der Erde. Eine dicke Fettschicht und ein dichtes Fell schützen sie vor der Kälte.

Der Eisbär lauert der Robbe auf, die zum Atmen an das Loch im Eis kommt. Der Polarfuchs hofft, dass von der Beute etwas übrig bleibt.

Der See-Elefant mit seiner eigenartigen Nase, das Walross mit den langen Stoßzähnen und die Robbe leben auf dem Packeis.

Nur wenige Tiere halten die Kälte des Polarwinters aus. Manche Tiere wandern in den Süden, andere halten Winterschlaf oder überwintern in einem Bau unter dem Schnee.

Der Moschusochse sucht nach Flechten. Die Lemminge finden Unterschlupf unter dem Eis und die Rentiere begeben sich auf Wanderung.

Pinguine sind Vögel, die nicht fliegen können. Sie sind aber ausgezeichnete Schwimmer. Auf dem Eis zu rutschen ist bei Pinguinen sehr beliebt.

LEBEN UNTER DER ERDE

Viele Tiere graben Gänge unter der Erde. Der Maulwurf findet dort Regenwürmer und Insekten, während der Dachs zum Jagen seinen Bau verlässt.

Der Maulwurf ist fast blind. Er gräbt ein weit verzweigtes Tunnelsystem, das er ständig erweitert. Über der Erde entstehen die Maulwurfshügel.

Dachse leben in einem Bau, den sie manchmal auch mit anderen Tieren, beispielsweise Füchsen, teilen. Heraus wagen sie sich nur bei Nacht.

Mancher Bau ist ein wahres Labyrinth aus Gängen. Die Kammern für die Mütter mit ihren Neugeborenen befinden sich meist in den unteren Stockwerken, weit weg vom Eingang.

Präriehunde leben in streng organisierten Gemeinschaften in unterirdischen „Dörfern“. Alle Gänge sind miteinander verbunden.

Der Kaninchenbau besteht in der Regel aus einer Vielzahl langer, schmaler Gänge. Manche Kaninchen haben aber nur einen einfachen Bau.

LEBEN IM MEER

All diese Tiere leben im Meer, jedoch in unterschiedlichen Tiefen.
In Wirklichkeit würde man sie nie zusammen antreffen.

1. Papageitaucher – 2. Lachmöwe – 3. Delfin – 4. Silbermöwe – 5. Heringe – 6. Meeresschildkröte – 7. Rochen – 8. Qualle – 9. Krabbe – 10. Seestern –

Der Wal ist das größte Tier der Welt. Er ernährt sich von winzigen Tierchen, die Krill genannt werden. Er verschlingt sie tonnenweise.

11. Jakobsmuschel – 12. Seeigel – 13. Seeanemone – 14. Schwamm – 15. Buckelwal – 16. Krake – 17. Pottwal – 18. Tunfische – 19. Seepferdchen – 20. Languste

DER BIBER, EIN EMSIGER BAUMEISTER

Der Biber errichtet Dämme, um den Wasserspiegel zu erhöhen. So wird der Eingang zu seiner Wohnburg geflutet und ist für Feinde unzugänglich.

Der Biber fällt Baumstämme mit seinen kräftigen Schneidezähnen.

Der Staudamm besteht aus großen Ästen und Schlamm.

Der Eingang zur Wohnburg befindet sich unter Wasser. Die Kammer liegt im Trockenen und wird mit Gräsern und Spänen ausgekleidet.

DIE UNERMÜDLICHEN AMEISEN

Ameisen sind unaufhörlich auf Nahrungssuche. Im Winter halten sie in tieferen Schichten ihres Baus Winterruhe.

Ameisen können Lasten tragen, die größer als sie selbst sind.

Wenn eine Beute zu schwer ist, wird sie gemeinsam getragen.

Die Ameisen züchten Läuse und melken sie wegen ihres Honigtaus.

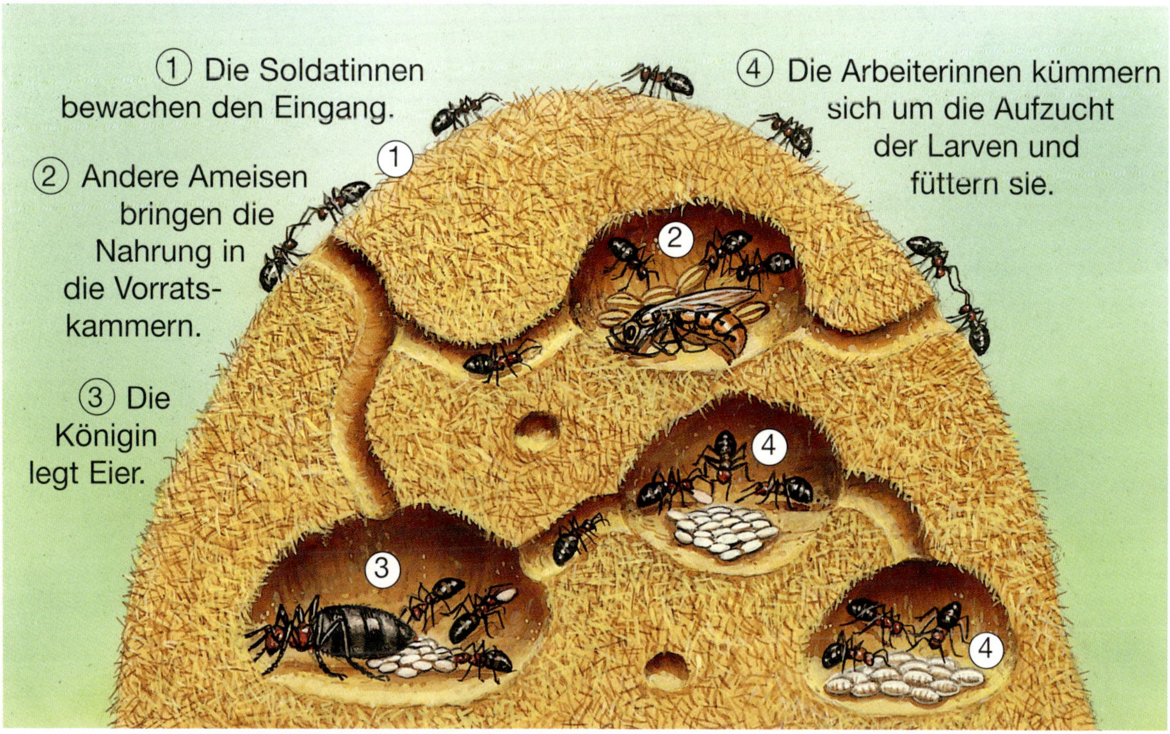

BIENEN BEI DER ARBEIT

In einem Bienenstock herrscht emsiges Treiben. Ein Bienenvolk besteht aus einer Königin, die ständig Eier legt, und Arbeiterinnen.

Die Arbeiterin saugt den süßen Nektar der Blüten auf.

Sie sammelt auch Blütenstaub in „Körbchen“ an ihren Hinterbeinen.

Im Bienenstock übergibt sie einer anderen Biene den gesammelten Nektar.

Einige Bienen schlagen heftig mit den Flügeln und belüften so den Bienenstock.

Die Arbeiterinnen scheiden Wachs aus und bauen daraus Waben.

Die Königin legt in jede Wabe ein Ei, aus dem eine Larve schlüpfen wird.

VÖGEL

Vögel haben Federn, Flügel und einen Schnabel. Die meisten Vögel können fliegen. Sie haben sich an alle Lebensräume angepasst.

Diese Vögel leben in der Stadt:
1. Taube – 2. Star – 3. Rauchschwalbe – 4. Spatz

Diese Vögel leben auf den Feldern:
1. Kolkrabe – 2. Rebhuhn – 3. Fasan – 4. Krähe – 5. Wachtel

Gleich nach dem Schlüpfen fangen die Vögel an zu zwitschern. Jede Vogelart hat einen typischen Gesang. Je nach Art ernähren sich Vögel von Insekten, Würmern, Körnern, Früchten, Mäusen oder Fischen.

Diese Vögel leben im Wald: 1. Buntspecht – 2. Kuckuck – 3. Rotkehlchen – 4. Nachtigall – 5. Waldkauz – 6. Grünspecht

Diese Vögel leben in Parks und Gärten:
1. Elster – 2. Höckerschwan – 3. Amsel – 4. Kohlmeise

BÄUME

EINE EICHE WÄCHST

Eine Eiche entsteht aus einer kleinen Eichel. Der Baum kann 40 m hoch werden. Einige Eichen werden bis zu 4000 Jahre alt.

1. Die Eichel ist die Frucht der Eiche. Im Herbst fällt sie auf den Boden.
2. Wenn die Eichel nicht von einem Eichhörnchen oder einem anderen Tier gefressen wird, beginnt sie in den ersten warmen Frühlingstagen zu keimen. Eine kleine Wurzel durchbricht die Schale und dringt in den Boden ein.
3. Ein kleiner Schössling wächst.
4. Der Schössling zieht Nahrung aus der Eichel.
5. Die ersten Blätter werden gebildet und die Wurzeln entwickeln sich.
6. Das Bäumchen im Kleinformat ist fertig. Jedes Jahr wird der Baum etwas größer und sein Stamm härter.

Für ein gesundes Wachstum benötigt der Baum Sonne und Wasser, das er über die Wurzeln dem Boden entzieht.

Die Borke schützt den Baum vor Krankheiten, Schädlingen und Pilzen. Sie bekommt Risse, wenn der Stamm dicker wird.

Nicht aus jeder Eichel wird eine solch schöne Eiche. Tatsächlich entwickelt sich ein Baum nur aus einer von einer Million Eicheln.

DER BAUM LEBT

Jedes Kind muss essen und trinken, um zu wachsen. Bei einem Baum verhält es sich ähnlich: Sein Saft macht ihn groß und stark.

In Regionen mit starken Winden – zum Beispiel Küstengebieten – sind manche Bäume seltsam geformt. Sie sehen ganz schief aus, als würden sie gleich umkippen. Doch ihr Stamm ist fest.

Der Baum benötigt Sonne und Wasser für ein gesundes Wachstum.

Das Holz, das im Frühling entsteht, bildet helle Jahresringe, das Holz des Sommers dunkle. Das Alter eines Baumes bestimmt man, indem man die dunklen Jahresringe zählt.

Schnitt durch einen Stamm

(1) *Kernholz* (2) *Jahresringe* (3) *Borke*

DIE VIER JAHRESZEITEN DES KASTANIENBAUMS

Bäume, wie zum Beispiel dieser Kastanienbaum, verändern ihr Aussehen im Laufe des Jahres.

Im Frühling öffnen sich die Knospen. Blätter und Blüten entstehen.

Im Sommer wachsen die Kastanien in ihrer stacheligen Schale.

Im Herbst fallen Blätter und Kastanien auf den Boden.

Im Winter ruht sich der Baum aus. Er wartet auf den Frühling.

SONNE UND SCHATTEN

Alle Lebewesen brauchen Sonnenlicht zum Leben. Was passiert jedoch, wenn ein Teil des Baumes kein Licht bekommt?

Bei dem Baum in der Mitte sind nur noch die oberen Äste belaubt. Die unteren Äste haben keine Blätter mehr und fallen schließlich ab.

Der rechte und der linke Baum haben auf jener Seite mehr Äste, auf der sie mehr Licht bekommen.

SOMMERGRÜN UND IMMERGRÜN

Das sommergrüne Laub fällt im Herbst von den Bäumen, die immergrünen Blätter oder Nadeln dagegen nicht. Warum ist das so?

Blätter von Laubbäumen geben viel Wasser ab. Blieben sie im Winter am Baum, würden sie seine Nahrungsreserven aufbrauchen.

Die Nadeln der Tanne sind klein und benötigen nur wenig Wasser. Daher kann der Baum sie auch im Winter behalten.

Je nach Jahreszeit wechselt das Laub bestimmter Bäume seine Farbe. Im Frühling und Sommer sind die Blätter grün, da sie Blattgrün enthalten. Es erzeugt mithilfe des Sonnenlichts Zucker und Sauerstoff.

Im Herbst gibt es weniger Licht und daher weniger Blattgrün. Der Baum kann seine Blätter nicht mehr ernähren. Sie werden gelb und fallen ab.

Im Herbst färben sich die Blätter der Bäume gelb, orange oder rot und sind prächtig anzusehen. Die Farben entstehen durch Pigmente, die sichtbar werden, wenn das Blattgrün verschwindet. In Kanada und im Nordosten der USA heißt diese Zeit „Indian Summer“.

DIE LAUBBÄUME

Laubbäume tragen breite Blätter – im Gegensatz zu den Nadelbäumen, die dünne, nadelförmige Blätter besitzen.

Die Eichel ist bei Eichhörnchen sehr beliebt.

Die Eiche ist ein majestätischer Baum mit einer großen Baumkrone. Sie bietet Lebensraum für zahlreiche Insektenarten und Vögel.

Dies ist eine Rosskastanie. Ihre Früchte heißen Kastanien. Im Herbst fallen sie auf den Boden und die stachelige Fruchtschale öffnet sich.

Es gibt viele verschiedene Arten von Laubbäumen.
Sie unterscheiden sich in ihrer Größe und in der Form ihrer Blätter.

Marone

Wie die Kastanien wachsen auch die Maronen in einer stacheligen Fruchtschale.

Die Esskastanie kann bis zu 500 Jahre alt werden. Ihre Früchte heißen Maronen. Man kann sie im Herbst sammeln und rösten.

Bucheckern

Die Buche bringt alle zwei bis drei Jahre Bucheckern hervor. Jeweils zwei Bucheckern reifen in einer stacheligen Schale heran.

Das ist eine Buche. Ihre Früchte, die Bucheckern, sind bei Vögeln und Nagetieren beliebt. Eine Buche kann bis zu 400 Jahre alt werden.

Laubbäume spenden im Sommer kühlenden Schatten. Außerdem bieten sie Lebensraum für viele Tiere oder für andere Pflanzen.

Kätzchen

Die Birkenblätter sind glatt, unbehaart und haben einen gezackten Rand.

Eine Birke wird rund 150 Jahre alt. Sie hat eine weiße Borke, die sich in Fetzen ablöst. Die Samen bilden sich in den Kätzchen.

Das Blatt der Platane erinnert an eine Hand. Ihre Früchte sind klein und kugelförmig.

Die Platane wächst in Europa und Nordamerika. Im Frühling gibt sie Unmengen von Pollen an die Luft ab. Ihre Borke löst sich in Platten ab.

Die Pappel steht häufig an Landstraßen oder Wasserläufen, während die Trauerweide oft in Parkanlagen in Wassernähe zu finden ist.

Die Blätter der Pappel rascheln beim geringsten Windhauch.

Das ist eine Pappel. Sie wird selten älter als 80 Jahre. Aus ihrem Holz werden Streichhölzer hergestellt.

Die langen Äste der Trauerweide reichen manchmal bis auf den Boden.

Die Trauerweide steht häufig am Wasser, da sie Feuchtigkeit liebt. Im Vergleich zu anderen Laubbäumen wächst sie sehr langsam.

VON DER KNOSPE ZUR VOGELKIRSCHE

Im Winter warten die Knospen tief im Innern auf den Beginn der warmen Tage. Ist der Frühling endlich da, zeigen sie, was alles in ihnen steckt.

(1) Zum Schutz gegen Regen und Frost besitzen die Knospen einen Panzer aus Schuppen.

(2) Im Frühling steigt der Saft im Baum bis in die Knospen. Nach und nach öffnen sich die Schuppen.

(3) Die Knospe öffnet sich, eine Blüte wird sichtbar. Sie ähnelt zunächst einer kleinen Kugel, die von den Kelchblättern beschützt wird.

(4) Eine weiße Blüte öffnet ihre Kronblätter.

(5) Die Blüte verwelkt und die Kronblätter fallen ab. Es bildet sich eine grüne Vogelkirsche.

(6) Dank der Sonnenstrahlen färbt sich die Kirsche rot. Wenn man sie nicht pflückt, verfault sie und fällt herunter. Manchmal keimt der Kirschstein im Boden.

DIE OBSTBÄUME

Die Früchte der Obstbäume kann man roh essen, zu Saft verarbeiten oder für leckere Kuchen verwenden. Es gibt wilde und gezüchtete Arten.

Der Orangenbaum gedeiht in warmen Ländern.

Der Zitronenbaum trägt gleichzeitig Blüten und Früchte.

Die Früchte des Pflaumenbaums sind im Frühherbst reif.

Der Apfelbaum ist in Mitteleuropa weit verbreitet.

Früchte enthalten viel Fruchtzucker, Vitamine und Mineralien. Sie sind sehr gesund. In den Früchten wachsen die Samen, die für die Fortpflanzung der Bäume nötig sind.

Die Frucht des Birnenbaums ist die Birne. Es gibt zahlreiche Sorten.

Die Nüsse des Walnussbaums haben eine zweiteilige Schale.

Der Feigenbaum wächst in warmen Ländern. Seine Frucht ist die Feige.

Die Nüsse des Haselstrauchs schmecken auch Eichhörnchen gut.

DIE NADELBÄUME

Nadelbäume haben Blätter in Form von Nadeln, die im Herbst normalerweise nicht abfallen. Die Früchte der Nadelbäume heißen Zapfen.

Die Nadeln der Tanne sind flach. Die Zapfen sitzen aufrecht auf den Ästen.

Das ist eine Tanne. Sie ist das ganze Jahr über grün. Tannen können bis zu 800 Jahre alt werden.

Der Zapfen der Fichte ist länglich. Er hängt vom Ast herab. Seine Schuppen sind nicht besonders hart und stehen leicht ab.

Die Fichte wächst im Gebirge. Sie wird häufig mit der Tanne verwechselt. Die meisten Weihnachtsbäume sind Fichten.

Die Zapfen sitzen an den Zweigen der Nadelbäume und sind je nach Baumart unterschiedlich groß. Die Zapfenschuppen können eng anliegen oder abstehen.

Die Nadeln der Kiefer hängen immer paarweise am Zweig. Die Frucht der Kiefer ist der Kiefernzapfen.

Eine Kiefer kann bis zu 50 m hoch und 600 Jahre alt werden.

Die Nadeln der Lärche hängen in kleinen Büscheln am Zweig. Sie verfärben sich im Herbst und fallen ab.

Die Lärche ist ein Nadelbaum, der seine Nadeln im Herbst verliert. Sie verträgt auch große Kälte und ist häufig im Gebirge anzutreffen.

DIE PALMEN

Es gibt weltweit mehrere tausend Palmenarten. Sie wachsen in warmen Ländern und haben immergrüne Blätter.

Die Früchte der Dattelpalme sind die Datteln.

Kokosnüsse wachsen auf einer Kokospalme.

Die Frucht der Ölpalme wird gepresst, um Öl zu gewinnen.

Die Elfenbeinpalme verdankt ihren Namen den harten Samen.

AUSSERGEWÖHNLICHE BÄUME

Hier sind einige besondere Baumarten zu sehen. Sie unterscheiden sich von anderen Bäumen durch ihre Größe, ihre Form oder ihre Wurzeln.

Der gigantische Mammutbaum kann über 100 m hoch werden.

Der Mangrovenbaum wächst im Wasser. Er hat lange Stelzwurzeln.

Der Banyanbaum in Indien hat Äste mit Luftwurzeln.

Wie kommt es, dass manche Bäume so komisch aussehen? Mögliche Ursachen sind zum Beispiel der Wind oder die chemische Zusammensetzung des Bodens.

Dieser Baum ist stachelig wie ein Igel und wächst in der Wüste.

Auf Madagaskar findet man Bäume, die lange Arme wie Kraken haben.

In der Nähe von Reims in Frankreich wachsen in einem Wald Bäume mit völlig verdrehten Stämmen.

BEDROHTE WÄLDER

Überall auf der Erde sind die Wälder in Gefahr. Umweltverschmutzung, Brände oder Abholzung schädigen sie.

Im Amazonasgebiet, aber auch in anderen Regionen, fällen die Menschen sehr viele Bäume, um Felder anzulegen oder Straßen zu bauen.

In der Sahara werden Bäume gefällt und als Feuerholz verwendet. Die Tiere fressen zudem alles kahl. Als Folge dehnt sich die Wüste aus.

Die Zerstörung der Wälder kann weit reichende Folgen haben. Die Böden werden ausgelaugt, viele Arten von Tieren und Pflanzen verschwinden und das Klima verändert sich.

Die Fabrikschornsteine und die Auspuffanlagen der Autos schleudern chemische Substanzen und giftige Gase in die Atmosphäre. Sie steigen in höhere Luftschichten auf, vermischen sich dort mit den Wolken und fallen als saurer Regen auf unsere Wälder nieder.

Bei Trockenheit kann sich ein Waldbrand rasch ausbreiten.

Es dauert Jahre, bis neue Bäume wachsen.

WARUM SIND BÄUME SO WICHTIG?

Bäume erzeugen Sauerstoff, den Menschen und Tiere zum Leben brauchen. Ihr Holz wird für vielfältige Zwecke verwendet.

Das Wasser verdunstet von den Blättern, steigt auf und bildet Wolken.

Der Wald bietet Lebensraum für zahlreiche Tiere.

Die Bäume schützen die Häuser vor dem vom Meer wehenden Wind.

Die Wurzeln saugen Wasser auf und verhindern Überschwemmungen.

EIN WINTERBILD

Mit getrockneten Blättern kannst du ein schönes Bild machen, das du an die Wand hängen oder verschenken kannst.

Das brauchst du: *einen großen Bogen blauen Tonkarton, ein Blatt Zeichenpapier, Blätter in verschiedenen Formen, Deckweiß, Klebstoff.*

Schneide aus dem weißen Blatt Papier die Umrisse eines Gebirges aus und klebe es auf den großen blauen Bogen Tonkarton.

Schneide die Blätter so zu, dass sie die Formen von Bäumen oder Tieren erhalten. Schneide zum Beispiel einen Vogel oder eine Tanne aus.

Klebe die verschiedenen Blattstücke vorsichtig auf deine Berglandschaft. Male anschließend mit einem Pinsel und Deckweiß kleine Schneeflocken in den Himmel und auf die Bäume. Fertig ist das Bild!

EINE KRONE AUS BLÄTTERN

Bei einem Spaziergang im Wald kann man Blätter sammeln und ganz leicht einen lustigen Kranz aus ihnen basteln.

1 Sammle einige Efeublätter.

2 Suche einige dünne trockene Zweige.

3 Entferne den Stängel. Lege dabei deinen Daumen an den Blattrand, damit das Blatt nicht einreißt.

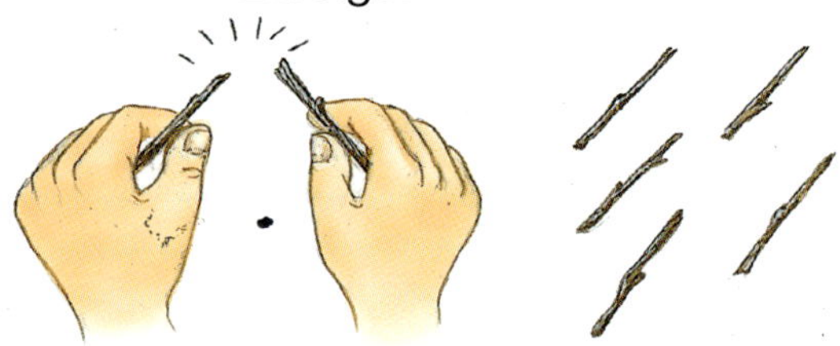

4 Breche einige kurze Zweigstücke gleicher Länge ab.

5 Lege zwei Blätter wie abgebildet übereinander.

6 Stecke sie wie auf der Zeichnung mit einem kleinen Zweigstück zusammen.

7 Fahre mit den anderen Blättern fort.

8 Stecke nun die beiden Blätter an den Enden zusammen. Fertig ist der Kranz!

PFLANZEN
BLUMEN

DIE TEILE EINER BLUME

Was ist eine Krone? Welcher Teil der Blüte ist der Kelch? Es gibt verschiedene Begriffe, die die einzelnen Teile einer Blume bezeichnen.

Der Pollen einer anderen Mohnblume gelangt mit dem Wind oder mit Insekten (vor allem Bienen) zur Blüte und bleibt am Stempel hängen. Nach der Befruchtung bilden sich Samen. Aus ihnen entstehen neue Blumen.

DIE ENTWICKLUNG DER LÖWENZAHNBLÜTE

Die große Blüte des Löwenzahns besteht aus aberhunderten eng aneinander sitzenden Blüten. Jede einzelne erzeugt einen Samen.

Der Löwenzahn wächst vor allem auf Wiesen.

Die Kelchblätter umschließen nach und nach die Blüte.

Die Samen bilden sich unten im Kelch.

An jedem Samen hängt ein Stängel mit einem flauschigen Schirm.

Wenn die federleichten Schirme an der Sonne trocknen, öffnen sie sich. Nun wird aus dem Löwenzahn eine prächtige Pusteblume.

Die Federkrone entfaltet sich. Jeder Samen hat einen Schirm. Mit dem Wind fliegen die Samen davon.

Einige Samen können keimen.

Eine neue Löwenzahnpflanze entsteht.

Der Kreislauf beginnt von neuem.

DAS LEBEN EINER BLÜTE

Jede Blüte besitzt ihren eigenen Rhythmus. Zu einer bestimmten Zeit öffnet sie sich, verströmt ihren Duft und schließt sich wieder.

Das Gänseblümchen öffnet sich am Tag, um Sonnenlicht einzufangen.

Nachts atmet es langsamer, die Blüte ist geschlossen.

Die Blüte der Ackerwinde öffnet sich um 8 Uhr morgens.

Am frühen Nachmittag, gegen 14 Uhr, schließt sich die Blüte wieder.

Die Seerose entfaltet ihre Blütenblätter um 7 Uhr am Morgen.

Um 16 Uhr schließt sich die Blüte für eine lange Nacht.

DER VERBORGENE TEIL DER PFLANZEN

Die Pflanzen ziehen ihre Nahrung zum Keimen und Wachsen aus dem Boden. Dazu haben sie Wurzeln, Wurzelstöcke, Zwiebeln oder Knollen.

Aus der Zwiebel ① wächst jedes Jahr eine Blume.

Aus dem Wurzelstock ② wachsen jährlich neue Triebe.

Die Wurzeln der Dahlie bilden dicke Knollen ③.

Die kräftige Wurzel des Löwenzahns heißt Pfahlwurzel ④.

BLUMEN DES WALDES

Waldblumen stecken ihre Köpfe gegen Ende des Winters oder bei den ersten Strahlen der Frühlingssonne aus dem Boden.

BLUMEN AUF WIESEN UND FELDERN

Diese Blumen blühen im Frühling und im Sommer.
Die Mohnblume sieht man häufig am Rand von Weizenfeldern.

All diese Pflanzen sind mehrjährig: Wenn der Sommer zu Ende ist, ruhen sie und blühen im nächsten Frühjahr erneut.

BLUMEN AN TEICHEN

In vielen Teichen blühen Seerosen. Lilien, Binsen und Rohrkolben wachsen dagegen am Ufer.

BLUMEN IN HECKEN

Felder und Gärten sind manchmal von dichten Hecken umgeben, die vor starken Winden schützen.

Die trompetenförmigen Blüten der Winde blühen neben den gelblichen Blüten des Geißblatts, die stark duften.

Alle Blüten auf diesem Bild findet man an stacheligen Hecken. Aus den Brombeerblüten werden im Laufe des Sommers Brombeeren.

BLUMEN IM GEBIRGE

Nach der Schneeschmelze blühen selbst in großer Höhe einige Blumen. Sie haben sich den schwierigen Wetterbedingungen angepasst.

BLUMEN DER WÜSTE

Diese Pflanzen haben sich an ein Leben in der Wüste angepasst und können auch lange Trockenzeiten überstehen.

Kakteen sind sehr stachelig. In ihrem dicken Stamm speichern sie das Wasser, das während der Regenzeit fällt.

Diese Pflanze hat breite, ledrige Blätter und heißt Welwitschia. Sie wächst in den Wüsten Afrikas.

Diese Pflanze heißt Lithops oder Lebender Stein. Sie ist so gut getarnt, dass Tiere auf Nahrungssuche sie leicht übersehen.

Lithops blühen in der Trockenzeit. Mit ihren schönen gelben Blüten sehen sie aus wie blühende Steine.

BLUMEN IM GARTEN

Auf der Erde gibt es abertausende von Blumenarten. Die Menschen züchten bestimmte Arten und pflanzen sie in ihre Gärten.

1. Rosen
2. Kapuzinerkresse
3. Iris
4. Narzissen
5. Nelken
6. Stiefmütterchen
7. Lavendel
8. Lupinen
9. Petunien
10. Hortensien
11. Anemonen
12. Geranien
13. Dahlien
14. Gladiolen
15. Klematis
16. Rhododendren
17. Tulpen
18. Osterglocken

Die hier abgebildeten Blumen blühen nicht alle zur gleichen Zeit. Tulpen, Rhododendren, Narzissen und Osterglocken blühen im Frühling. Stiefmütterchen können der Kälte im Winter trotzen. Die anderen Blumen blühen im Sommer.

BLUMEN IN DEN DÜNEN

Diese Blumen sollte man nicht pflücken: Ihre Wurzeln wachsen tief in den Sand hinein und halten so die Dünen zusammen.

Diese Pflanzen wachsen in einer für andere Pflanzen feindlichen Umgebung. Sie trotzen Wind, Trockenheit und Meersalz.

Die langen Wurzeln des Strandhafers halten den Sand fest und verhindern so, dass der Wind die Dünen abträgt.

ALGEN

Im Meer wachsen Pflanzen ohne Wurzeln. Sie heißen Algen. Zahlreiche Fische ernähren sich ausschließlich von diesen Pflanzen.

Im Mittelmeer wächst eine grasähnliche Alge namens Caulerpa. Sie breitet sich beängstigend schnell aus und wird daher Killeralge genannt.

Algen gibt es in vielen Formen und Farben. Sie wachsen in flachen Gewässern, da sie Licht brauchen. Hier sind einige Beispiele.

FLEISCH FRESSENDE PFLANZEN

Da diese Pflanzen auf sehr kargen Böden wachsen, ernähren sie sich von Insekten. Sie fangen die Tiere auf verschiedene Weise.

Die Venusfliegenfalle lockt mit ihren duftenden Blättern Insekten an. An den Blatträndern befinden sich lange Stacheln.

1. Wenn sich eine Biene auf das Blatt setzt, schließt es sich und hält das Insekt gefangen.
2. Die Pflanze verdaut die Biene langsam.
3. Wenn sich das Blatt nach zehn Tagen wieder öffnet, ist nur noch die Hülle der Biene übrig.

Sonnentau

An den glänzenden Tropfen bleiben die Insekten kleben.

Schlauchpflanze

Die Insekten fallen in die röhrenartigen Blätter und sind gefangen.

PARASITÄRE PFLANZEN

Einige Pflanzen wie die Mistel oder der Efeu sind Parasiten: Sie ziehen aus anderen Pflanzen Nutzen und schädigen sie dabei.

Die Mistel dringt in den Baum ein und entzieht ihm seine Nährstoffe.

Der Efeu klettert am Baumstamm hoch. Er nimmt dem Baum die Luft.

Moose und Flechten wachsen auf Borken oder Steinen. Flechten wachsen nur in reiner Luft. Moose lieben Feuchtigkeit.

ESSBARE PILZE

Trotz ihres Namens ist die Totentrompete essbar – wie auch die fünf anderen Pilze auf dieser Seite. Sie sind Speisepilze.

Totentrompete

Pfifferling oder Eierschwamm

Morchel

Steinpilz

Nelkenschwindling

Riesenschirmling

GIFTIGE PILZE

Diese Pilze sind giftig und deshalb gefährlich.
Man darf sie nicht sammeln und auch nicht anfassen.

Satanspilz

Fliegenpilz

Grüner Knollenblätterpilz

Frühlings-knollenblätterpilz

Ölbaumtrichterling

Birkenreizker

EINE TULPE ENTSTEHT

Kauf zu Beginn des Herbstes eine Tulpenzwiebel und befolge die Anweisungen auf dieser Seite. Im Winter wird eine schöne Blume blühen!

Fülle eine Vase bis oben hin mit Wasser.

Lege die Zwiebel wie abgebildet auf die Vase.

Bedecke die Vase mit einem großen Karton.

Nach drei Wochen sieht man die ersten Wurzeln.

Stelle die Vase an ein Fenster.

Nach weiteren drei Wochen blüht die Tulpe.

EINE PFLANZENSAMMLUNG

Wenn du Pflanzen sammelst, notierst du am besten den Namen der Pflanze und wo und wann du sie gepflückt hast.

Suche eine schöne Blume aus, die man pflücken darf.

Lege sie zwischen zwei Seiten einer Zeitung oder Zeitschrift.

Beschwere die Zeitung acht Tage lang mit zwei dicken Büchern.

Klebe die getrocknete Blume anschließend vorsichtig in ein Heft.

EIN ARMREIF AUS GÄNSEBLÜMCHEN

Aus Gänseblümchen kannst du hübschen Schmuck machen.
Es ist ganz einfach – du brauchst nur ein wenig Geduld.

(1) Pflücke einige Gänseblümchen.

(2) Nimm die Blume mit dem längsten Stängel.

(3) Zupfe die Blüten der anderen Gänseblümchen hinter dem Kelch vom Stängel (ein kleines Loch wird sichtbar).

(4) Fädle die Gänseblümchenblüten wie eine Perle auf den Stängel des langen Gänseblümchens auf.

(5) Wenn alle Blüten aufgefädelt sind, stecke die beiden Enden zusammen. Dein Armreif ist fertig! Auf gleiche Weise kannst du auch eine Kette machen.

WETTER

VOM TROPFEN ZUR WOLKE

Die Pfeile auf dem Bild zeigen, woher das Wasser kommt, das in Form von unsichtbarem Dampf in den Himmel aufsteigt.

SO KANN MAN WOLKEN MACHEN!

Lass dir bei diesem Experiment von einem Erwachsenen helfen. Du brauchst nur einen Teller, eine Glasschale und Eiswürfel.

Bitte einen Erwachsenen, etwas Wasser zum Kochen zu bringen und das kochende Wasser in eine dicke Glasschale zu füllen.

Lege einige Eiswürfel auf einen Teller.

Setze den Teller auf die Schale mit dem heißen Wasser.

Aus dem heißen Wasser steigt Dampf auf, der sich bei Kontakt mit dem kalten Teller in eine Wolke verwandelt. Im Dunkeln ist sie im Licht einer Taschenlampe gut zu sehen.

TAU UND RAUREIF

Manchmal sind morgens Blätter und Gräser von kleinen Tröpfchen bedeckt oder von einem weißen Mantel überzogen.

Tagsüber befinden sich in der Luft winzige Wassertröpfchen. Nachts kühlt die Luft ab und die Tröpfchen fallen auf den Boden. So entsteht der Tau.

Im Winter, wenn es sehr kalt ist, können die Tautropfen gefrieren. Dann ist die Landschaft von weißem Raureif überzogen.

DIE LAUNEN DES WETTERS

Je nach Lufttemperatur nehmen die Wassertröpfchen verschiedene Formen an. Sie können zu Schnee, Hagel, Regen oder auch Nebel werden.

Eine Wolke besteht aus winzigen Wassertröpfchen. Sie werden immer schwerer und fallen schließlich als Regen zur Erde.

Im Winter oder bei heftigen Sommergewittern gefrieren die Tröpfchen. Sie verwandeln sich in Hagelkörner, die große Schäden anrichten können.

Bei einer Temperatur um den Gefrierpunkt kann es schneien. Nebel bildet sich häufig am Morgen. Im Laufe des Tages löst er sich auf.

SCHNEE

Es ist Winter. Bei einer Temperatur um 0 °C verwandeln sich Wassertropfen zu sternförmigen Schneekristallen. Sie bilden die Schneeflocken.

NEBEL

Die warme und leichte Luft war voller Wassertröpfchen. Während der kalten Nacht wurden sie dick und schwer. Jetzt bilden sie eine Wolke am Boden: den Nebel.

VOR UND NACH DEM GEWITTER

Bei einem Gewitter werden große Mengen Elektrizität freigesetzt. Ein Blitz ist ein helles, weißes Licht, das als zackiger Strahl zur Erde fährt.

Es ist sehr warm. Große schwarze Wolken türmen sich am Himmel. Wind kommt auf: Das Gewitter ist ganz nah.

Ein Blitz zuckt über den Himmel und es donnert. Blitze sind sehr gefährlich. Sie können große Bäume spalten.

Manchmal regnet es so stark, dass das Wasser nicht schnell genug abfließen kann. Es kommt zu Überschwemmungen.

An Hängen können große Wassermengen Geröll mitreißen und zu Erdrutschen führen.

VON DER BRISE ZUM WIRBELSTURM

Manchmal weht der Wind nur schwach, manchmal sehr stark. Je nach Stärke gibt man ihm unterschiedliche Namen.

Eine Brise ist ein schwacher Wind. Die Gräser und die Blätter in den Bäumen bewegen sich leicht. Das Meer ist ruhig.

Bei einem Sturm bläst ein heftiger Wind. Er schüttelt Gräser, Bäume und ein auf den Wellen tanzendes Boot.

Ein Orkan entwurzelt Bäume und deckt Dächer ab. Gewaltige Wellen branden an die Küste: Das ist eine Flutwelle.

Ein Wirbelsturm oder Tornado bewegt sich sehr schnell. Er ist so stark, dass er alles verwüstet, was auf seinem Weg liegt.

WOLKEN

Am Himmel kann man verschiedene Wolkenformen beobachten. Jeder Wolkentyp hat einen Namen.

Zirrostratuswolken sind hohe Schleierwolken.

Kumulonimbuswolken bringen Regen, manchmal auch ein Gewitter.

Kumuluswolken sind einzelne dichte Schönwetterwolken.

Altokumuluswolken bestehen aus vielen kleinen Wolken.

LICHTSPIELE

Sonnenlicht sieht aus wie weißes Licht, tatsächlich besteht es aber aus vielen Farben, die manchmal am Himmel zu sehen sind.

Scheint bei Regen die Sonne, entsteht ein Regenbogen.

Wenn es sehr diesig ist, spiegelt sich die Sonne manchmal.

Auf offenem Meer erscheint über der untergehenden Sonne hin und wieder ein grüner Strahl.

In den Polarregionen sieht man nachts am Himmel prachtvolle Polarlichter.

DIE VIER JAHRESZEITEN

In Ländern mit gemäßigtem Klima gibt es vier Jahreszeiten: Winter, Frühling, Sommer und Herbst.

Im Winter ist es kalt. Die Tage sind kurz und manchmal schneit es.

Wenn es im Frühling wärmer wird, beginnen die Bäume zu blühen.

Im Sommer ist es heiß. Der Weizen wird reif und es gibt Gewitter.

Im Herbst regnet es oft. Die Blätter verfärben sich und fallen ab.

JAHRESZEITEN IN WARMEN LÄNDERN

Warme Länder haben nur ein oder zwei Jahreszeiten. Die Temperaturen sind immer hoch.

In der Savanne gibt es zwei Jahreszeiten: die Regenzeit mit starken Regenfällen und die Trockenzeit ohne Niederschläge.

Am Äquator herrscht immer das gleiche Klima. Es ist das ganze Jahr über heiß und feucht. Es regnet fast jeden Tag heftig, doch nie sehr lange. Da Pflanzen hier sehr gut und schnell wachsen, ist die Pflanzenwelt sehr üppig.

DER SOMMER AN VERSCHIEDENEN ORTEN

Der Sommer in Europa ist auch innerhalb eines Landes nicht überall gleich. Am Meer und im Gebirge ist es kühler als im Landesinnern.

An der Küste weht immer eine erfrischende Brise vom Meer.

Je höher man im Gebirge steigt, umso kälter ist die Luft.

Im Landesinnern können die Sommer oft sehr heiß werden.

In der Stadt gibt das aufgeheizte Mauerwerk viel Wärme ab.

WARME LÄNDER – KALTE LÄNDER

Auf der Erde gibt es verschiedene Klimazonen. In Wüstenregionen ist die Sonnenbestrahlung sehr stark. An den Polen ist es eisig kalt.

In der Wüste ist es tagsüber sehr heiß, zum Teil steigen die Temperaturen auf über 50 °C. Nachts jedoch ist es bitterkalt. Es regnet nur selten.

In den Polarregionen gibt es extrem kalte Winter, die sechs Monate dauern. Die Temperaturen sinken auf bis zu – 60 °C!

DIE WETTERVORHERSAGE

Um das Wetter für den nächsten Tag vorauszusagen, stehen den Meteorologen verschiedene Instrumente zur Verfügung.

Wetterhahn und Windsack zeigen die Richtung an, aus der der Wind kommt.

Das Thermometer misst die Temperatur.

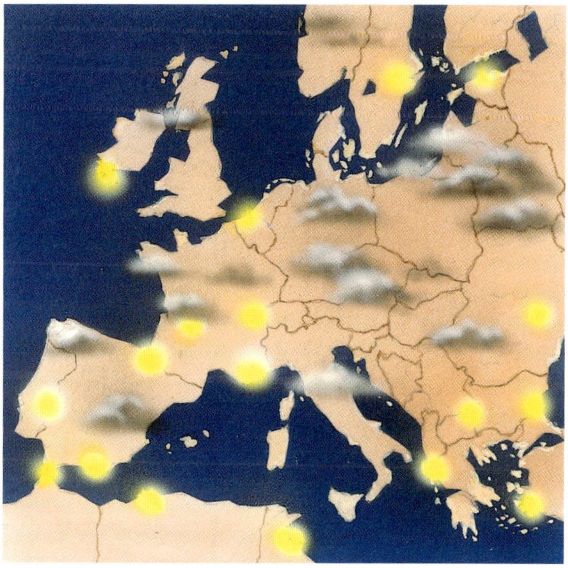

Das Barometer misst den Luftdruck und erlaubt Wettervorhersagen.

Im Fernsehen werden Wettervorhersagen übertragen.

WETTERBEOBACHTUNG IN DER NATUR

Auch du kannst eine Wettervorhersage machen, wenn du die Natur genau beobachtest. Hier sind einige Anhaltspunkte.

Der Himmel färbt sich bei Sonnenuntergang rot: Es gibt Wind.

Der Mond hat einen Hof: Das ist ein Zeichen für Regen.

Die Schwalben fliegen tief: Ein Gewitter zieht auf.

Die Schuppen der Kiefernzapfen öffnen sich: Es gibt Sonnenschein.

WASSER

DER WASSERKREISLAUF

① Bei der Schneeschmelze fließt das Wasser von Bergen und Gletschern.

② Gebirgsbäche führen an den Berghängen ins Tal.

③ Die Bäche vereinigen sich zu einem Fluss.

④ Mehrere kleine bilden zusammen einen großen Fluss.

⑤ An der Mündung vermischt sich das Flusswasser mit dem Meerwasser.

⑥ Regenwasser versickert im Boden und bildet unterirdisches Grundwasser. Einige Grundwasserspeicher haben eine Verbindung zum Meer.

⑦ Die Wassertropfen verdunsten zu unsichtbarem Wasserdampf, der aufsteigt. Da es hoch oben kälter ist, wird der Wasserdampf wieder flüssig. Die Wassertropfen bilden Wolken. Werden sie zu schwer, fallen sie als Regen oder Schnee auf die Erde.

Die meisten Wassertropfen verdunsten über den Meeren.

DIE KRAFT DES WASSERS

Am Strand kann man beobachten, wie eine Welle mit Leichtigkeit eine Sandburg wegspült. Das Wasser hat noch viel mehr Kraft.

Die Wellen branden mit solcher Wucht gegen die Klippen, dass sich im Laufe der Zeit große Felsbrocken lösen.

Höhlen entstehen überwiegend in weichem Gestein wie Kalksandstein. Dieser besteht aus den Skeletten von Meerestieren, die vor Millionen von Jahren lebten. Das leicht saure Regenwasser greift den Stein an und dringt über Risse ein, die immer größer werden. Der unterirdische Fluss kommt als Quelle wieder an die Oberfläche.

Wasser verändert unablässig die Landschaft. Es trägt Boden oder Gestein ab, höhlt Felsen aus und schneidet tiefe Schluchten.

Vor langer Zeit grub ein Fluss diese tiefe Schlucht in den Stein.

Das Regenwasser formte so genannte Feenschlote aus Stein.

Der Fluss fließt in Schlangenlinien, den Mäandern. Manchmal schließt sich eine Schleife und es bildet sich ein See, der später austrocknet.

DAS PACKEIS

In den Polarregionen gefriert das Meerwasser zu Packeis. Würde es schmelzen, stiege der Meeresspiegel an. Es käme zu Überschwemmungen.

Das Packeis ist eine mächtige Eisschicht, die auf dem Meer treibt. Da sie sich ständig bewegt, zerbricht das Eis häufig in größere und kleinere Eisschollen, die sich zum Teil wieder übereinander schieben.

Das ist ein riesiger Eisberg, der sich von einem Gletscher abgespalten hat. Er treibt mit der Meeresströmung. Nur ein kleiner Teil des Eisbergs ist sichtbar, der größere Teil ist unter der Wasseroberfläche verborgen. Er kann für Schiffe gefährlich werden.

FEST, FLÜSSIG ODER GASFÖRMIG

Wasser ist eine Flüssigkeit, die bei 0 °C gefriert und fest wird. Ab 100 °C wird Wasser zu Wasserdampf.

Fülle eine Eiswürfelform mit Wasser und lege sie ins Eisfach.

Nach einer Weile ist das Wasser fest. Es sind Eiswürfel entstanden.

Fülle einen tiefen Teller mit Wasser. Wenn du ihn auf den Heizkörper stellst, ist der Teller nach einigen Tagen leer. Das Wasser ist verdunstet.

LEBENSWICHTIGES WASSER

Viele Dinge könnte der Mensch nicht machen, wenn es kein Wasser gäbe. Und was würde aus den Tieren und Pflanzen?

Menschen und Tiere müssen trinken, damit sie leben können.

Viele Tiere und Pflanzen leben im Wasser.

Ohne Wasser würden die Pflanzen verwelken und sterben.

Mithilfe von Staudämmen nutzt man Wasser als Energiequelle.

Wasser ist sehr wertvoll – als Trinkwasser und als Energiequelle. Man darf das Wasser daher weder verschwenden noch verschmutzen.

Wasser benutzt man in Kernkraftwerken zum Kühlen.

Auf dem Wasser kann man Waren und Personen transportieren.

Das Meerwasser enthält viel Salz, das wichtig für die Gesundheit ist.

Die Schildkrötenjungen lassen sich mit der Strömung treiben.

GEFAHREN FÜR DAS WASSER

Wasser ist Voraussetzung für alles Leben auf der Erde. Dennoch leiten die Menschen Stoffe hinein, die es verschmutzen und untrinkbar machen.

Manche Fabriken leiten Giftstoffe ins Wasser.

Düngemittel belasten das Grundwasser.

Wenn Öl ins Meer fließt, sterben viele Vögel und Fische.

Einige schädliche Substanzen verseuchen das Wasser.

LANDSCHAFTEN GESTEINE

TIEFEBENEN UND HOCHEBENEN

Tiefebenen und Hochebenen sind sehr flache Landstriche. Die Menschen betreiben dort Ackerbau und Viehzucht.

Ebenen in niederen Lagen sind sehr weite, flache Landstriche mit vielen Feldern und Weiden für die Tiere.

Hochebenen befinden sich im Mittel- oder Hochgebirge. Sie sind häufig von tiefen Schluchten durchzogen.

JUNGE UND ALTE GEBIRGE

Das Alter von Gebirgen lässt sich anhand ihrer Form und Höhe schätzen. Jüngere Gebirge können durch Erdstöße noch weiter wachsen.

Diese Berge sind 40 Millionen Jahre alt. Sie sind dennoch „junge“ Berge mit spitzen Gipfeln und steilen Hängen.

Diese Berge sind viel älter. Frost, Wind und Regen haben die spitzen Gipfel abgetragen und rund gemacht.

EIN VULKAN BRICHT AUS

Dieser Berg, der Feuer, Steine und Asche spuckt, ist ein Vulkan.
An seinen Hängen fließen heiße Lavaströme ins Tal.

Ein Vulkan entsteht, ist einige Jahrhunderte lang aktiv und erlischt schließlich – für immer oder auch nur für eine begrenzte Zeit.

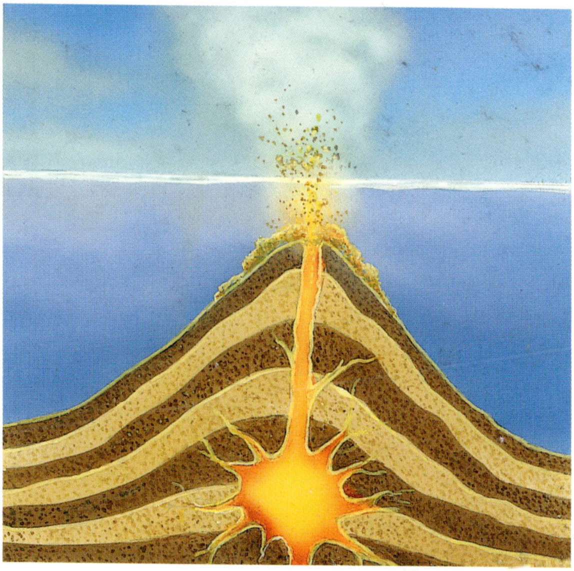

Mit jedem Ausbruch wächst der unterirdische Vulkan ein wenig.

Einige Vulkane durchbrechen die Wasseroberfläche und bilden Inseln.

Der Krater dieses erloschenen Vulkans füllte sich mit Regenwasser.

Diese Vulkane schlummern unter einer Pflanzendecke.

DIE KÜSTE

Bei Flut branden die Wellen mit großer Wucht gegen die Küste. Sie formen Küstenstreifen mit Sand, Kieselsteinen und Klippen.

Der Wind formt Sanddünen, die die Wellen aufhalten.

Dieser Strand aus Kieselsteinen ist von Klippen umgeben.

Manche Inseln sind Landstücke, die sich vom Festland gelöst haben.

Eine Halbinsel ist mit dem Festland verbunden.

DER MEERESGRUND

Hier sieht man zwei ganz unterschiedliche Meereslandschaften. Das obere Bild zeigt ein flaches Gewässer, das untere die Tiefsee.

Korallenriffe entstehen aus den kalkigen Ablagerungen von winzigen Tieren, den Korallen. Sie leben in Kolonien von Milliarden Tieren.

In großen Tiefen ist es stockdunkel. Dort gibt es seltsame Fische und hohe Schlote, die man „Black Smokers“ (Schwarze Raucher) nennt.

SANDDÜNEN

Dünen gibt es nicht nur an der Küste, sondern auch in der Wüste. Dort sind sie sehr hoch – wie richtige Berge aus Sand.

In der Wüste wirbelt der Wind viel Sand durch die Luft. Er lagert sich an Felsen oder anderen Hindernissen ab. So entsteht eine Düne.

Auch an der Küste können die Dünen sehr hoch sein. Die größte ist die Düne von Pilat in Frankreich. Sie hat eine Höhe von 117 m!

KALTE REGIONEN

Hoch im Norden erstreckt sich die Tundra, weiter südlich die Taiga. Beide sind für diese Breitengrade typische Landschaftsformen.

Die Tundra ist eine baumlose Landschaft. Hier wachsen Sträucher, Moose und Flechten. Im Sommer blühen unzählige Blumen.

Die Taiga heißt auch borealer Nadelwald. Endlose Flächen sind mit Nadelbäumen bewachsen, die dem rauen Klima im Norden trotzen können.

FLUSSLANDSCHAFTEN

Bäche, Ströme und Flüsse können auf ihrer Reise zum Meer ganze Landstriche prägen und einzigartige Naturschauspiele hervorbringen.

Die Iguazú-Wasserfälle gehören zu den schönsten der Welt. In einem über 2 km langen Halbkreis stürzen hunderte von Kaskaden in die Tiefe.

Im Mündungsgebiet eines Flusses lagern sich häufig Sand und Sedimente ab, die mitgeschwemmt wurden. Mit der Zeit bilden sie Hindernisse im Flussbett. Der Fluss spaltet sich daraufhin in Arme auf. So entsteht ein Flussdelta.

STEINE SIND VIELSEITIG

Es gibt eine große Vielfalt von Steinen. Manche dienen als Baustoff, aus anderen fertigt man Schmuck.

Granit ist ein sehr hartes Gestein. Man kann daraus Häuser bauen.

Mit dem grau-blauen Schiefer deckt man Dächer.

Kalkstein ist ein weißes Gestein, aus dem man Kreide macht.

Aus poliertem Marmor werden beispielsweise Säulen hergestellt.

EDELSTEINE

Diese Steine werden im Boden abgebaut. Sie werden geschliffen, um den Glanz zu erhöhen. Aus ihnen werden schöne Schmuckstücke hergestellt.

Saphir

Smaragd

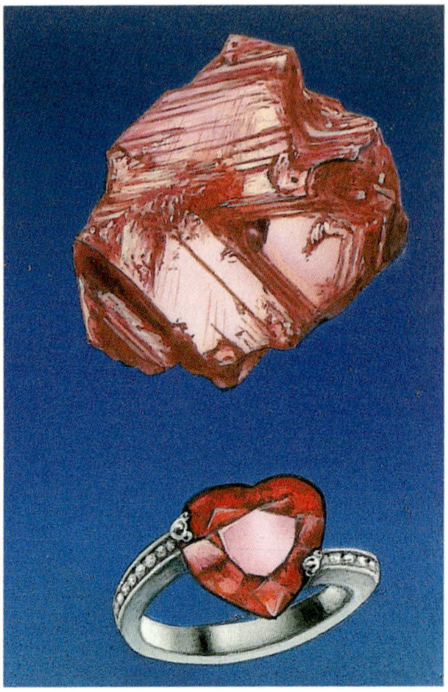

Rubin

Diamant

Türkis

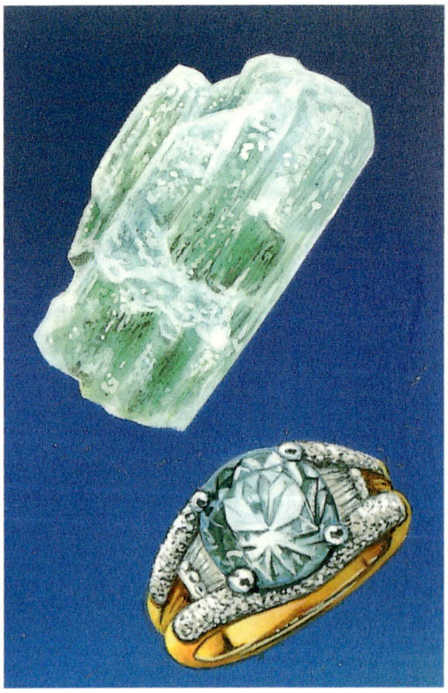

Aquamarin

WOHER KOMMT DIE KOHLE?

Kohle ist ein schwarzes Gestein, das als Brennstoff benutzt wird. Sie bildete sich vor vielen Millionen Jahren aus Pflanzenresten.

Abgestorbene Pflanzen und Bäume versanken im Sumpf.

Sie zersetzten sich nur sehr langsam und wurden zu Torf.

Unter dem Druck von Gesteinsschichten wurde der Torf zu Kohle.

In den Bergwerken baut man die Kohle mit speziellen Maschinen ab.

WOHER KOMMT DAS ERDÖL?

Auch das Erdöl entstand vor vielen Millionen Jahren. Es lagert tief im Boden. Heute dient es zur Herstellung von Kraft- und Kunststoffen.

Kleine Tiere verwesten auf dem Meeresgrund.

Mit Sand vermischt bildeten sie eine Schlammschicht.

Aus dem Schlamm wurde Erdöl, das in das Gestein eindrang.